BEI GRIN MACHT SICH
WISSEN BEZAHLT

- Wir veröffentlichen Ihre Hausarbeit,
  Bachelor- und Masterarbeit

- Ihr eigenes eBook und Buch -
  weltweit in allen wichtigen Shops

- Verdienen Sie an jedem Verkauf

Jetzt bei www.GRIN.com hochladen
und kostenlos publizieren

Bibliografische Information der Deutschen Nationalbibliothek:

Die Deutsche Bibliothek verzeichnet diese Publikation in der Deutschen National-
bibliografie; detaillierte bibliografische Daten sind im Internet über http://dnb.d-
nb.de/ abrufbar.

Impressum:

Copyright © 2014 GRIN Verlag, Open Publishing GmbH
Druck und Bindung: Books on Demand GmbH, Norderstedt Germany
ISBN: 9783656858133

Dieses Buch bei GRIN:

http://www.grin.com/de/e-book/285528/defizite-und-desiderate-der-konferenz-
der-vereinten-nationen-ueber-umwelt

Sandra S.

Defizite und Desiderate der Konferenz der Vereinten Nationen über Umwelt und Entwicklung (UNCED) im Jahr 1992 aus heutiger Sicht

GRIN Verlag

Internationale Umweltpolitik: Defizite und Desiderate der Konferenz der Vereinten Nationen über Umwelt und Entwicklung (UNCED) im Jahr 1992 aus heutiger Sicht

Inhaltsverzeichnis

1 Einleitung

Täglich sterben hunderte Tier- und Pflanzenarten aus, der Klimawandel wird beschleunigt, der Meeresspiegel steigt an, verheerende Umweltkatastrophen bedrohen Menschenleben. Doch die weltweise Umweltkrise ist kein neues Phänomen. Bereits 1972 trafen sich erstmals Regierungsvertreter zu einem globalen Umweltgipfel, um über mögliche Lösungen zu diskutieren.

Zwanzig Jahre später kam es in Rio de Janeiro erneut zu einem internationalen Gipfeltreffen zum Thema Umwelt und Entwicklung – ein zweiter Meilenstein der globalen Umweltpolitik. Neun Tage lang wurde im Juni 1992 in Rio de Janeiro nach Lösungen für globale Umweltprobleme gesucht. Bei der Konferenz der Vereinten Nationen über Umwelt und Entwicklung[1] ging es vor allem um die Bekämpfung des Klimawandels und nachhaltige internationale Entwicklung.[2] Delegationen aus 170 Ländern kamen zusammen, um Ziele für Umwelt und Entwicklung zu generieren.[3]

Zu ihren wichtigsten Ergebnissen kann die Konferenz die Agenda 21, die Rio-Erklärung über Umwelt und Entwicklung, die Klimarahmenkonvention und die Biodiversitäts-Konvention zählen.[4]

Doch sind die Ergebnisse der Konferenz aus heutiger Sicht, über 20 Jahre nach dem Gipfel, positiv zu bewerten? Sind Erfolge im Hinblick auf nachhaltige Entwicklung, Erhalt der Biodiversität oder Klimawandel zu verzeichnen? Oder muss die Konferenz sowie ihre Ergebnisse viel mehr als ein Misserfolg angesehen werden?

Diesen Fragen soll im Folgenden nachgegangen werden, indem zunächst die Konferenz im Allgemeinen vorgestellt wird. Im Anschluss werden die einzelnen Ziele und deren Ergebnisse genauer betrachtet, um Erfolge und Grenzen in den Plänen zu analysieren. Hierbei konzentriert sich die Arbeit auf die Ziele und Ergebnisse im Bereich der Umweltpolitik.

Abschließend soll es darum gehen, ob die UNCED grundsätzlich als ein Erfolg für die globale Umweltpolitik gesehen werden kann oder ob sie in ihren Ergebnissen an ihre Grenzen gestoßen ist.

---

[1] Auch: „Erdgipfel" oder "Rio-Konferenz"; englisch: United Nations Conference on Environment and Development, kurz UNCED.
[2] vgl. UN-Internetseite der Rio-Konferenz.
[3] vgl. Grossarth, Jan; Plickert, Philip: 20 Jahre nach Rio 1992. S. 1.
[4] vgl. UN-Internetseite der Rio-Konferenz.

2   Die Konferenz der Vereinten Nationen über Umwelt und Entwicklung (UNCED) – Rio-Konferenz

2.1   Ablauf und Hintergründe

Nach dem Ende des Kalten Krieges sollte mit der Konferenz in Rio de Janeiro ein „neues Kapitel der Menschheitsgeschichte" aufgeschlagen werden. Erstmalig trafen sich dort vom 3. bis zum 14. Juni 1992 mehr als 100 Staats- und Regierungschefs aus 170 Ländern zu einem Gipfeltreffen, um über Umwelt- und Entwicklungspolitik zu diskutieren.[5]

Das Gipfeltreffen in Rio de Janeiro war damit bisher beispiellos für eine Konferenz der Vereinten Nationen im Hinblick auf ihre Größe und den Rahmen ihrer Inhalte.[6]

Entstanden war die Konferenz aus einem Beschluss der Vereinten Nationen im Dezember 1989 nach den Vorschlägen der Brundtland-Kommission[7].[8]

20 Jahre nach der ersten Konferenz zur globalen Umwelt im Jahr 1972 wollte die UN den Regierungen einen Leitfaden geben, um ihre ökonomische Entwicklung zu überdenken und Wege zu finden, die Zerstörung von nicht nachwachsenden natürlichen Ressourcen sowie die globale Umweltverschmutzung zu überdenken. Es sollte deutlich gemacht werden, dass sowohl Armut als auch übermäßiger Konsum zu Umweltproblemen führen.[9]

Nach zahlreichen Reden, Gruppendiskussionen und Arbeitstreffen erkannten die Regierungsvertreter schließlich die Notwendigkeit, globale und nationale Politik neu zu strukturieren, um sicher zu stellen, dass alle ökonomischen Entscheidungen auch ökologische Erwägungen einbeziehen.[10]

2.2   Inhalte und Zielsetzungen

Grenzüberschreitende Umwelt- und Entwicklungsprobleme sollten auch grenzüberschreitend in der Weltgemeinschaft gelöst werden, da eine Lösung auf nationaler Ebene in den meisten Fällen unmöglich war. Deshalb hatten sich die Teilnehmer der Rio-Konferenz zum Ziel gesetzt, während des Erdgipfels über die

---

[5] Vgl. Grossarth, Jan; Plickert, Philip: 20 Jahre nach Rio 1992. S. 1.
[6] Vgl. UN-Internetseite der Rio-Konferenz.
[7] Brundtland-Kommission: Weltkommission für Umwelt und Entwicklung der Vereinten Nationen; Vor allem bekannt für die Definition des Begriffs der Nachhaltigkeit, Vorsitzende und Namensgeberin der Kommission war die ehemalige norwegische Ministerpräsidentin Gro Harlem Brundtland.
[8] Engelhardt, Wolfgang; Weinzierl, Hubert (Hrsg.): Der Erdgipfel. S. 108.
[9] Vgl. UN-Internetseite der Rio-Konferenz.
[10] Vgl. UN-Internetseite der Rio-Konferenz.

umwelt- und entwicklungspolitischen Konflikte auf internationaler Ebene zu beraten und über Lösungen zu verhandeln.[11]

Themen der Konferenz im für diese Arbeit relevanten Teilbereich der Umweltpolitik waren unter anderem die Produktionsstrukturen von Öl oder Giftstoffen, alternative Energien anstelle von fossilen Brennstoffen, um den Klimawandel zu verringern und eine Neuordnung der öffentlichen Verkehrsmittel um den Ausstoß von Abgasen zu verringern.[12]

2.3 Einordnung in die globale Umweltpolitik

Nach der Konferenz der Vereinten Nationen über die Umwelt des Menschen vom 5. bis zum 16. Juni 1972 in Stockholm war die Rio-Konferenz der Vereinten Nationen ein weiterer Meilenstein in der globalen Umweltpolitik. Erstmalig konnten so viele Staaten versammelt werden, um über globale Umweltprobleme zu diskutieren und nach Lösungen zu suchen. Durch die Konferenz wurde mindestens erreicht, dass Umweltpolitik auf der globalen Agenda einen festen Platz einnimmt. Zusätzlich wurden erstmals konkrete Lösungsansätze für die globalen Umwelt- und Entwicklungskonflikte in Konventionen festgeschrieben, Gremien zur Lösung der Probleme und Institutionen zur Kontrolle der Durchführung der angedachten Maßnahmen wurden geschaffen. Globale Umweltpolitik erhielt durch die UN-Konferenz einen gänzlich neuen Stellenwert.

3 Ergebnisse der UNCED

Zu den wichtigsten Ergebnissen der Rio-Konferenz zählen die völkerrechtlich verbindliche Klimarahmenkonvention und die Konvention zum Schutz der biologischen Vielfalt, die Agenda 21 sowie der Beginn einer Erarbeitung einer Konvention zur Bekämpfung von Wüstenbildung. Zudem wurde eine Grundsatzerklärung über die Wälder sowie eine Rio-Deklaration verabschiedet. Im folgenden soll kurz auf die Inhalte und Zielsetzungen der Klimarahmenkonvention, der Biodiversitätskonvention und der Agenda 21 eingegangen werden, da diese Ergebnisse als die wichtigsten zu werten sind.

---

[11] Vgl. UN-Internetseite der Rio-Konferenz.
[12] Vgl. ebd.

3.1 Die Klimarahmenkonvention

Im Rahmen der Rio-Konferenz wurde 1992 die Klimarahmenkonvention[13] ins Leben gerufen. Die Konvention ist ein „internationales, multilaterales Klimaschutzabkommen", das 1994 in Kraft getreten ist. In ihr vereinbarten ursprünglich 154 Mitgliedsstaaten eine Minderung der anthropogenen Klimaeinflüsse sowie eine Verlangsamung der globalen Erderwärmung, um die Klimafolgen zu verringern. Heute hat die Konvention 195 Vertragsstaaten.[14]

Mit der Unterzeichnung der Konvention wurde gleichzeitig ein kontinuierlicher internationaler Verhandlungsprozess ins Leben gerufen, da sich die Vertragsstaaten einmal jährlich zu einer Konferenz treffen, um über weitere Maßnahmen zum internationalen Klimaschutz zu beraten.[15]

In der UNFCCC ist zudem geregelt, dass die Stabilisierung der Treibhausgaskonzentrationen in einem Zeitraum stattfinden soll, „der es Ökosystemen erlaubt, sich auf natürliche Weise an die Klimaänderungen anzupassen".[16] Dazu sollen alle Staaten gemäß ihrer „gemeinsamen, aber unterschiedlichen Verantwortung und Kapazitäten" beitragen.[17]

Im einzelnen bedeutete die Zustimmung zur Konvention für Industriestaaten, dass sie bis spätestens zum Jahr 2000 ihre Treibhausgasemissionen so weit reduzieren müssen, dass sie wieder den Stand des Jahres 1990 erreichen. Entwicklungsländer hingegen unterlagen keiner Minderungsverpflichtung. Alle Staaten waren jedoch verpflichtet, über ihre Emissionen Bericht zu geben, wobei Industriestaaten abermals strengeren Regeln und Überprüfungen unterlagen.[18]

3.2 Konvention zum Schutz der biologischen Vielfalt

Regeln und Normen zum Schutz der Lebewesen bestehen bereits seit den „babylonischen Forstgesetzen"[19]. Während des 18. und 19. Jahrhunderts gab es dann bilaterale Verträge zu Jagd und Fischfang und später immer wieder Schutzgebiete, Handelsbeschränkungen oder Völkerrechtsverträge zum Schutz von Tierarten und

---

[13] Auch: United Nations Framework Convention on Climate Change (UNFCCC).
[14] Vgl. Bundesministerium für Umwelt, Naturschutz, Bau und Reaktorsicherheit: Klimarahmenkonvention.
[15] Vgl. Bundesministerium für Umwelt, Naturschutz, Bau und Reaktorsicherheit: Klimarahmenkonvention.
[16] Vgl. UNFCCC. Artikel 2.
[17] Vgl. ebd. Artikel 2.
[18] Vgl. ebd. Artikel 4.2.
[19] In den babylonischen Forstgesetzen wurden rund 1900 Jahre v. Chr. erste Regelungen zum Schutz der natürlichen Lebewesen festgelegt.

Ökosystemen.[20] Bei der ersten weltweiten Umweltkonferenz 1972 wurden Maßnahmen und Prinzipien zum Schutz von Pflanzen- und Tierarten sowie Ökosystemen formuliert. Seither wurde die Thematik beispielsweise in der „World Charter for Nature" und der Brundtland-Kommission fortentwickelt.[21] Die Konvention zum Schutz der biologischen Vielfalt[22] wurde 1992 im Rahmen der Rio-Konferenz von 156 Staaten unterzeichnet und trat schließlich am 29. Dezember 1993 in Kraft.[23] Inzwischen zählt das Abkommen 193 Vertragspartner und wurde von 168 Staaten und der Europäischen Union unterzeichnet.

In der 1992 im Rahmen der Rio-Konferenz entwickelten Konvention geht es im Wesentlichen um zwei Problembereiche: Zum einen um „den Schutz und die nachhaltige Nutzung der biologischen Vielfalt" und zum anderen um „die wirtschaftliche Nutzung der genetischen Ressourcen, den rechtlichen Zugang zu diesen, den Transfer von bio- und gentechnologischen Verfahren sowie die damit zusammenhängenden Finanzfragen".[24]

Dabei geht es um die Durchsetzung von drei Zielen: Zum einen soll die biologische Vielfalt erhalten und nachhaltig genutzt werden, zum anderen sollen die aus der Nutzung entstehenden Vorteile gerecht aufgeteilt werden. Die einzelnen Ziele sollen mit dem im Jahr 2000 beschlossenen Cartagena-Protokoll[25] umgesetzt werden.[26]

Im einzelnen sollen Erhaltungs- und Schutzmaßnahmen ergriffen werden, die durch nationales Recht präzisiert und umgesetzt werden sollen. Als Schutzmaßnahmen sind unter anderem Systeme aus Schutzgebieten und „Pufferzonen" vorgesehen.[27]

3.3 *Agenda 21*

Das Aktionsprogramm Agenda 21 wurde 1992 auf der Rio-Konferenz verabschiedet und enthält konkrete Handlungsvorschläge für das 21. Jahrhundert. Die Agenda besteht aus 40 Kapiteln, die in vier Abschnitte gegliedert werden können: Soziale und wirtschaftliche Dimensionen; Erhaltung und Bewirtschaftung der Ressourcen für die Entwicklung; Stärkung der Rolle wichtiger Gruppen und Möglichkeiten der Umsetzung der einzelnen Maßnahmen.[28]

---

[20] Henne, Gudrun: Das Regime über die biologische Vielfalt von 1992. S. 185.
[21] Engelhardt, Wolfgang; Weinzierl, Hubert (Hrsg.): Der Erdgipfel. S. 118.
[22] Auch: *Convention on Biological Diversity, CBD.*
[23] Simonis, Udo Ernst: Globale Umweltpolitik. S. 45.
[24] Engelhardt, Wolfgang; Weinzierl, Hubert (Hrsg.): Der Erdgipfel. S. 119.
[25] *Cartagena-Protokoll:* Regelt grenzüberschreitenden Verkehr gentechnisch veränderter Organismen.
[26] Henne, Gudrun: Das Regime über die biologische Vielfalt von 1992. S. 192.
[27] Simonis, Udo Ernst: Globale Umweltpolitik. S. 55.
[28] Vgl. *Agenda 21.*

Zu den Forderungen der Agenda zählt unter anderem eine neue „Entwicklungs- und Umweltpartnerschaft" zwischen Industrie- und Entwicklungsländern, um Armut zu bekämpfen und die natürlichen Ressourcen nachhaltig zu nutzen. Hinzu kommen umweltpolitische Ziele wie die Reduzierung des Treibhauseffekts. Als "übergreifendes Ziel" der Politik gilt die Nachhaltigkeit.[29] Bei den verschiedenen Aspekten werden jeweils Informationen vermittelt, Lösungsvorschläge konstruiert und der Finanzbedarf berechnet – zunächst jedoch nur in „unverbindlichen Empfehlungen".[30] Zusätzlich werden die Ziele im Rahmen „Lokaler Agenden" verfolgt.[31]

4 Defizite und Desiderate der UNCED

Heute, über 20 Jahre nach der Rio-Konferenz, lassen sich deutlich die Erfolge, aber auch die Grenzen der Konferenz herausfiltern. Engelhardt und Weinzierl entdeckten beispielsweise schon in der Abwicklung der Konferenz einige „schwerwiegende Fehler". Beispielsweise sei die Ausklammerung der Bevölkerungsproblematik ein ebenso großes Manko wie die Setzung von Prioriäten – die Eindämmung des Bevölkerungswachstums sowie der Schutz der Wälder hätten Vorrang haben sollen. Ebenso kritisieren sie die „unzureichende Beteiligung wichtiger Akteure der Umweltpolitik" und den Ausschluss der indigenen Bevölkerung. Ein weiterer Mangel der Konferenz sei die fehlende Defintion des Begriffs „sustainable development" sowie die mangelhafte Rolle der USA.[32]

Zu den grundsätzlichen Problemen der Umweltkonferenz und ihren Zielen zählt auch die Finanzierung der einzelnen Maßnahmen. Besonders die Entwicklungsländer betonten immer wieder, dass sie zur Umsetzung der Maßnahmen „neue und zusätzliche Finanzmittel" benötigten, ihr Finanzbedarf wurde vom UNCED Sekretariat auf 600 Milliarden Dollar jährlich bis zum Jahre 2000 berechnet.[33] Ebenfalls kritisiert wurde, dass die Programme und Vorschläge, die die Agenda 21 vorgibt, zunächst nur unverbindliche Empfehlungen waren, die erst später in verschiedenen lokalen Agenden umgesetzt werden konnten.[34]

---

[29] Vgl. Bundesministerium für wirtschaftliche Zusammenarbeit und Entwicklung: Agenda 21.
[30] Vgl. Engelhardt, Wolfgang; Weinzierl, Hubert (Hrsg.): Der Erdgipfel. S. 128.
[31] Vgl. *Agenda 21*. Artikel 28.
[32] Vgl. Engelhardt, Wolfgang; Weinzierl, Hubert (Hrsg.): Der Erdgipfel. S. 110 ff.
[33] Vgl. Engelhardt, Wolfgang; Weinzierl, Hubert (Hrsg.): Der Erdgipfel. S. 128.
[34] Vgl. ebd. S. 128.

Doch die Konferenz in Rio hatte auch viele positive Aspekte wie den großen Erfolg der hohen Teilnehmerzahl der Konferenz oder die Einrichtung der neuen „UN-Kommission für nachhaltige Entwicklung" und der Anstoß eines Prozesses zur Lösung der globalen Umweltkrise.[35] Und Maurice Strong, der Generalsekretär der Konferenz erklärte die Agenda 21 zu einem "historic moment for humanity". Denn obwohl die Agenda von Kompromissen und Verhandlungen abgeschwächt worden sei, sei sie immer noch das "most comprehensive and [...] effective programme of action ever sanctioned by the international community".[36] Und auch die anderen Einzelergebnisse der Konferenz haben ihre eigenen Erfolge – aber eben auch Defizite zu verzeichnen. Deshalb soll im Folgenden auf die Defizite und Desiderate der Klimarahmenkonvention und der Konvention zur biologischen Vielfalt eingegangen werden.

4.1 Klimarahmenkonvention

4.1.1 Defizite

Definitorische Probleme

> „Das Endziel dieses Übereinkommens ist es, die Stabilisierung der Treibhausgaskonzentrationen in der Atmosphäre auf einem Niveau zu erreichen, auf dem eine gefährliche anthropogene Störung des Klimasystems verhindert wird. Dieser Wert soll innerhalb eines Zeitraumes erreicht werden, der es den Ökosystemen erlaubt, sich auf natürliche Weise an die Klimaänderung anzupassen."[37]

Doch wie hoch wäre ein solches „Niveau"? Wo fängt „gefährliche anthropogene Störung des Klimasystems" an und wo endet sie? Wie lang ist der Zeitraum, den die Ökosysteme benötigen?

Wie in diesem zweiten Artikel der Klimarahmenkonvention ziehen sich durch das gesamte Abkommen vielerlei definitorische Probleme. Die Konvention gibt an keiner Stelle konkrete Daten vor, um die Treibhausgasemissionen zu verringern, zusätzlich fehlen feste Zeitangaben für das Erreichen der aufgezeigten Ziele.[38] Durch diese fehlenden konkreten Vorgaben und Definitionen werden die Ziele der Konvention zu einer Idee ohne konkrete Umsetzung.

---

[35] Vgl. Engelhardt, Wolfgang; Weinzierl, Hubert (Hrsg.): Der Erdgipfel. S. 132-33.
[36] vgl. UN-Internetseite der Rio-Konferenz.
[37] UNFCCC, Artikel 2.
[38] Vgl. Engelhardt, Wolfgang; Weinzierl, Hubert (Hrsg.): Der Erdgipfel. S.116.

Um das Ziel der Klimarahmenkonvention zu erreichen, haben sich alle Unterzeichnerstaaten verpflichtet, in regelmäßigen Abständen über ihre Treibhausgasemissionen zu berichten und Klimaschutzmaßnahmen umzusetzen. Es gab jedoch einen Unterschied zwischen "gemeinsamen, aber unterschiedlichen Verantwortlichkeiten" der Länder. Vor allem zu Beginn der Konvention entstand so das Problem der Unterscheidung zwischen Entwicklungsländern und Industriestaaten. Man war der Ansicht, dass Entwicklungsländer sowohl weniger zum Klimawandel beitragen, als auch weniger Möglichkeiten haben, den Klimawandel zu begrenzen. Es zeigte sich jedoch, dass vor allem Schwellenländer wie China oder Indien immense Mengen an Treibhausgasen produzieren und somit Sonderregelungen für Entwicklungsländer nicht mehr geltend gemacht werden können.[39]

4.1.2 Desiderate

Das Kyoto-Protokoll

Als ein Erfolg der Klimarahmenkonvention wird das Kyoto-Protokoll gewertet, dass bei der Vertragsstaatenkonferenz 1997 verabschiedet wurde. Das Protokoll enthält die wichtigen verbindlichen Daten und Zeitvorgaben, die die Klimarahmenkonvention entbehrt. Denn die Vertragsstaaten verpflichten sich in dem Protokoll verbindlich, die Emissionen der sechs wichtigsten Treibhausgase Kohlendioxid, Methan, Fluorchlorkohlenwasserstoff, Kohlenwasserstoff, Distickstoffoxid und Schwefelhexafluorid im Zeitraum von 2008 bis 2012 um mindestens fünf Prozent unter das Niveau aus dem Jahr 1990 zu senken.

Für die einzelnen Staaten gab es dabei unterschiedliche Emissionsminderungsverpflichtungen. Deutschland verpflichtete sich beispielsweise zu einer Minderung von 21 Prozent.[40] Das Kyoto-Protokoll gilt bis heute als ein Meilenstein der globalen Klimapolitik, da erstmals verbindliche Ziele festgelegt und mit einem zeitlichen Rahmen versehen wurden. Einzig über die genauen Maßnahmen zur Senkung der Emissionen gab es in den zahlreichen Folgeverhandlungen immer wieder Uneinigkeit. Auch die sogenannten „Senken", die Staaten durch den Anbau von Wäldern die Möglichkeit eröffnen, ihre Emissionen zu senken, sorgten für

---

[39] Vgl. Bundesministerium für Umwelt, Naturschutz, Bau und Reaktorsicherheit: Klimarahmenkonvention.
[40] Vgl. *Bundesministerium für Umwelt, Naturschutz, Bau und Reaktorsicherheit: Kyoto-Protokoll.*

Zündstoff. Hinzu kommt, dass das Kyoto-Protokoll erst im Februar 2005 tatsächlich in Kraft getreten ist und völkerrechtlich wirksam werden konnte. Inzwischen haben allerdings 191 Staaten das Protokoll unterzeichnet, einziger fehlender großer Industriestaat bleiben die USA. Zusammengefasst ist das Kyoto-Protokoll nur bedingt als ein Erfolg der Klimarahmenkonvention zu sehen, da das Protokoll selbst noch viel zu viele Defizite aufweist. Das Protokoll war nur „der erste bedeutende Schritt in die richtige Richtung, allerdings auch nicht viel mehr".[41]

Entwicklung der Treibhausgasemissionen

Wie in der Grafik (Abb.1) erkennbar, hat die Klimarahmenkonvention in Deutschland Erfolg im Bereich der Emissionen von Treibhausgasen. Die Emissionen von Kohlendioxid, Methan und Distickstoffoxid sind seit 1990 deutlich und stetig zurückgegangen. Und auch für die EU-27 Staaten lässt sich – außer im Verkehrssektor, wo die Emissionen im Vergleich zum Jahr 1990 sogar um 29 Prozent anstiegen – ein Rückgang der Emissionen erkennen (Abb.2). Doch auch diese vermeintlichen Erfolge sind mit einem Fragezeichen versehen, da Schwellenländer wie China oder Indien weiterhin Treibhausgase produzieren und die untersuchten Gase längst nicht alle Treibhausgase beinhalten.

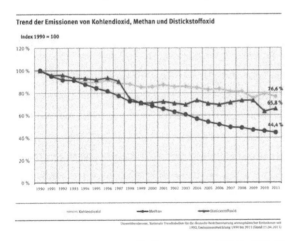

Abb.1: Trend der Emissionen von Treibhausgasen von 1990 bis 2011. (Quelle: Umweltbundesamt: Nationale Trendtabellen für die deutsche Berichterstattung atmosphärischer Emissionen seit 1990 bis 2011, Stand 2013. –
Online: http://www.umweltbundesamt.de/sites/default/files/medien/384/bilder/5_abb_trend-emi_2013-10-02_neu.png (abgerufen: 05.08.2014))

---

[41] Vgl. Rechkemmer, Andreas: Klimawandel als Weltproblem. S. 42.

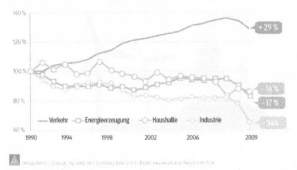

Treibhausgas Emissionen nach Sektoren
(EU -27) Entwicklung von 1990 bis 2009 in %, 1990 = 100

Abb.2: Treibhausgasemissionen in den Staaten der EU-27, aufgeteilt nach Sektoren. (Quelle: Allianz Pro Schiene, Juni 2011, Berechnungen auf Basis der EEA. – Online: http://www.igmetall-kurswechselkongress.de/inhalt/category/zukunft-mobilitaet/)

4.2 Konvention zum Schutz der biologischen Vielfalt

4.2.1 Defizite

In allen Maßnahmen zum Schutz der Biodiversität wird immer wieder der Passus „as far as possible and as appropiate" genutzt, der die Dringlichkeit der Umsetzung der Maßnahmen abschwächt.[42]

Hinzu kommen „schwerwiegende Widersprüche" innerhalb der Konvention wie beispielsweise in der Präambel, die gleichzeitig betont, dass die „Erhaltung der Biodiversität ein gemeinsames Anliegen der Menschheit" sei und dass „die Staaten souverän über ihre biologischen Ressourcen verfügen können". Trotz „gemeinsamen Anliegens" behalten die Staaten also ihre Souveränität und können eigenständig über ihre Biodiversität entscheiden. Eigentlich sollte die Biodiversität jedoch ein gemeinsames Welterbe darstellen und nicht auf nationaler Ebene verwaltet werden.[43]

Ein weiterer beispielhafter Widerspruch der Konvention ist die Aussage in der Präambel, dass die wirtschaftliche und soziale Entwicklung sowie der Kampf gegen die Armut Priorität vor dem Schutz der Umwelt haben sollen, was in Entwicklungsländern rational betrachtet einen Umweltschutz komplett ausschließt.[44]

---

[42] Vgl. Engelhardt, Wolfgang; Weinzierl, Hubert (Hrsg.): Der Erdgipfel. S. 121.
[43] Vgl. ebd.
[44] Vgl. ebd.

Es fehlt zudem eine Liste mit betroffenen Gebieten, Tier- und Pflanzenarten sowie ein Instrumentarium, um die Einhaltung der Vertragsverpflichtungen zu überprüfen und Vertragsverstöße zu ahnden.[45]

Häufig wird auch kritisiert, dass Nichtregierungsorganisationen wie Umweltverbände oder Naturschutzinitiativen zu wenig in die Umsetzung der Konvention eingebunden werden.[46]

Zusätzlich lassen sich Defizite heute, über zwanzig Jahre nach der Rio-Konferenz, eindeutig in den Entwicklungen zur Biodiversität erkennen. Der „Living-Planet-Report" des WWF von 2012 zeigt, dass die Biodiversität international zwischen 1970 und 2008 um rund 30 Prozent gesunken ist, in den tropischen Zonen sogar um 60 Prozent.[47]

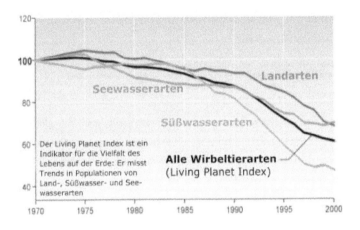

Abb.3: Zusammenfassung des Living Planet Index. (Quelle: http://www.oekosystem-erde.de/html/bilder/biodiv-03_living-planet.jpg (abgerufen: 05.08.2014))

---

[45] Vgl. Engelhardt, Wolfgang; Weinzierl, Hubert (Hrsg.): Der Erdgipfel. S. 123.
[46] Simonis, Udo Ernst: Globale Umweltpolitik. S. 60.
[47] Living-Planet-Report, 2012.

Auch in der Grafik (sh.Abb.3) ist deutlich erkennbar, dass in allen Bereichen der Biodiversität die Population seit 1970 gesunken ist. Auch, wenn die Grafik nur die Entwicklungen bis zum Jahr 2000 darstellt, zeigt der Living-Planet-Index von 2012, dass der Trend sich seitdem weiter fortgesetzt hat.[48]

4.2.2 Desiderate

Durch die Biodiversitätskonvention wurde 1992 erstmals der Schutz der „biologischen Vielfalt" in einem internationalen Vertrag geregelt und so die Zusammenarbeit auf internationaler Ebene gefördert.[49] In bisherigen Abkommen waren die Maßnahmen stets nur auf bestimmte Gebiete oder einzelne Arten beschränkt.[50] Besonders positiv zu bewerten ist ebenfalls, dass nähere Bestimmungen zu Schutzgebieten zur Erhaltung der Biodiversität festgelegt wurden, in denen auch die Bedeutung der indigenen Bevölkerung sowie deren Kenntnisse und Fähigkeiten Beachtung findet.[51]

5 Schlussbetrachtungen/Fazit

> „Das Grundproblem einer der weltweiten Umweltproblemen nur unzureichend begegnenden Weltpolitik [...], um wirksam zu werden, muß sie nicht nur global deklariert, sondern auch vor Ort durch konkretes Handeln umgesetzt werden."[52]

Ohne Zweifel ist der Erdgipfel von 1992 als ein Meilenstein der globalen Umweltpolitik zu sehen, da erstmalig so viele Staaten an den Verhandlungen beteiligt waren und konkrete Lösungsvorschläge auf globaler Ebene erarbeitet wurden.

Allerdings sollten auch die vielen Defizite der Konferenz an sich sowie der einzelnen Ergebnisse der Konferenz nicht außer Acht gelassen werden. Denn auch, wenn einige Probleme definitorischer Art mittlerweile gelöst werden konnten und die Entwicklungsländer beispielsweise bei der Klimarahmenkonvention nunmehr auch berücksichtigt werden, bleiben sichtbare Erfolge beim Klimawandel oder im Bereich der Biodiversität in großen Teilen aus.

Hinzu kommt der anhaltende Konflikt zur Finanzierungsfrage und darüber, ob die wirtschaftliche oder die ökologische Entwicklung der Welt im Vordergrund stehen

---

[48] Living-Planet-Report, 2012.
[49] Engelhardt, Wolfgang; Weinzierl, Hubert (Hrsg.): Der Erdgipfel. S. 119-20.
[50] Simonis, Udo Ernst: Globale Umweltpolitik. S. 45.
[51] Engelhardt, Wolfgang; Weinzierl, Hubert (Hrsg.): Der Erdgipfel. S. 120.
[52] Bauer, Steffen: Die Reform der Vereinten Nationen und die Umweltpolitik. S. 297.

sollte. Gerade Entwicklungs- und Schwellenländer sehen sich hier immer wieder im Nachteil gegenüber den Industriestaaten, die ihre „Blütezeit" auskosten durften, ohne auf Umweltfragen Rücksicht nehmen zu müssen.

Doch allen Schwierigkeiten und Konflikten zum Trotz muss weiterhin aktiv gehandelt werden, sowohl im Klima- als auch im Artenschutz. Zusätzlich sieht sich die Weltgemeinschaft Problemen gegenüber, die in der Rio-Konferenz allenfalls angekündigt wurden. So zum Beispiel die zunehmende Desertifikation, weltweiter Wassermangel oder der Anstieg des Meeresspiegels. All diese Probleme sind jedoch ebenfalls nicht auf nationaler Ebene zu lösen, sondern müssen von der gesamten Weltgemeinschaft betrachtet werden – hier ist und bleibt die Rio-Konferenz von 1992 ein wichtiger Anstoß für die weitere Entwicklung der globalen Umweltpolitik bis zum heutigen Tage. Gleichzeitig sollte jedoch beachtet werden, dass die verschiedenen Umweltregime und Konventionen nicht die „einzigen Kräfte sind, die die globale Umwelt beeinflussen", sondern dass Welthandelsorganisation, Internationaler Währungsfonds oder Weltbank beispielsweise den globalen Umweltregimen gegenüber standen.[53]

Für die Zukunft lässt sich nur schwer voraussagen, ob der Erdgipfel von 1992 mit all seinen Ergebnissen und Folgeerscheinungen zu einer Verbesserung der Umweltkrise beigetragen hat oder ob die Umweltprobleme unserer Erde überhaupt noch zu lösen sind.

---

[53] Chasek, Pamela; Downie, David; Welsh Brown, Janet (Hrsg.): Handbuch Globale Umweltpolitik. S. 369.

6   Literaturverzeichnis

6.1   Primärquellen

Agenda 21: Bundesministerium für Umwelt, Naturschutz, Bau und Reaktorsicherheit. – Online: http://www.bmub.bund.de/fileadmin/bmu-import/files/pdfs/allgemein/application/pdf/agenda21.pdf (abgerufen: 31.07.2014)

Klimarahmenkonvention/UNFCC. – In: Engelhardt, Wolfgang; Weinzierl, Hubert (Hrsg.): Der Erdgipfel. Perspektiven für die Zeit nach Rio. Bonn: Economca Verlag GmbH, 1993. S. 163ff.

Living-Planet-Report: **WWF**   -   Online: http://www.wwf.ca/newsroom/reports/living_planet_report_2012.cfm   (abgerufen: 05.08.2014)

UNFCCC/Rahmenübereinkommen der Vereinten Nationen über Klimaänderungen: United Nations Framework Convention on Climate Change. – Online: http://unfccc.int/resource/docs/convkp/convger.pdf (abgerufen: 30.07.2014)

6.2   Sekundärquellen

6.2.1   Literatur

Bauer, Steffen: Die Reform der Vereinten Nationen und die Umweltpolitik: Das UNEP zwischen Anspruch und Wirklichkeit. – In: Volger, Helmut; Weiß, Norman (Hrsg.): Die Vereinten Nationen vor globalen Herausforderungen. Referate der Potsdamer UNO-Konferenzen 2000-2008. Potsdam: Uni-Verlag Potsdam, 2011.

Chasek, Pamela; Downie, David; Welsh Brown, Janet (Hrsg.): Handbuch Globale Umweltpolitik. Berlin: Parthas Verlag GmbH, 2006.

Engelhardt, Wolfgang; Weinzierl, Hubert (Hrsg.): Der Erdgipfel. Perspektiven für die Zeit nach Rio. Bonn: Economca Verlag GmbH, 1993.

Henne, Gudrun: Das Regime über biologische Vielfalt von 1992. – In: Gehring, Thomas; Oberthür, Sebastian (Hrsg.): Internationale Umweltregime. Umweltschutz durch Verhandlungen und Verträge. Opladen: Leske und Budrich, 1997. S.185ff.

Rechkemmer, Andreas: Klimawandel als Weltproblem. – In: Varwick, Johannes (Hrsg.): Globale Umweltpolitik. Eine Einführung. Schwalbach: Wochenschau Verlag, 2008. S. 32ff.

Simonis, Udo Ernst: Globale Umweltpolitik. Ansätze und Perspektiven. Mannheim: Bibliographisches Institut & F.A. Brockhaus AG, 1996.

6.2.2 Internetquellen

Bundesministerium für Umwelt, Naturschutz, Bau und Reaktorsicherheit: Klimarahmenkonvention, 31.10.2013. – Online: http://www.bmub.bund.de/themen/klima-energie/klimaschutz/internationale-klimapolitik/klimarahmenkonvention/ (abgerufen: 31.07.2014)

Bundesministerium für wirtschaftliche Zusammenarbeit und Entwicklung: Agenda 21. – Online: http://www.bmz.de/de/service/glossar/A/agenda21.html (abgerufen: 31.07.2014)

Bundesministerium für Umwelt, Naturschutz, Bau und Reaktorsicherheit: Kyoto-Protokoll. – Online: http://www.bmub.bund.de/themen/klima-energie/klimaschutz/internationale-klimapolitik/kyoto-protokoll/ (abgerufen: 31.07.2014)

Bundesministerium für Umwelt, Naturschutz, Bau und Reaktorsicherheit: Klimaschutz nach 2012. – Online: http://www.bmub.bund.de/themen/klima-energie/klimaschutz/internationale-klimapolitik/klimaschutz-nach-2012/ (abgerufen: 31.07.2014)

Grossarth, Jan; Plickert, Philip: 20 Jahre nach Rio 1992. Gemischte Bilanz der Weltenretter. – In: Frankfurter Allgemeine Zeitung. – Online: http://www.faz.net/aktuell/wirtschaft/20-jahre-nach-rio-1992-gemischte-bilanz-der-weltenretter-11793288.html?printPagedArticle=true#pageIndex_2 (abgerufen: 15.07.2014)

UN-Internetseite der Rio-Konferenz: http://www.un.org/geninfo/bp/enviro.html (abgerufen: 16.07.2014)

Lightning Source UK Ltd.
Milton Keynes UK
UKHW04f1929091018
330276UK00002B/330/P

9 783656 858133